Alfred Louis Delattre

Inscriptions romaines de Carthage

Épigraphie païenne (1893-1895)

Elibron Classics
www.elibron.com

Elibron Classics series.

ISBN 0-543-72082-9 (paperback)
ISBN 0-543-72081-0 (hardcover)

This Elibron Classics Replica Edition is an unabridged facsimile of the edition published in 1895, Tunis.

R. P. DELATTRE

INSCRIPTIONS ROMAINES
DE CARTHAGE

ÉPIGRAPHIE PAÏENNE
(1893-1895)

(Extrait de *la Revue Tunisienne,* organe de l'Institut de Carthage)

TUNIS
IMPRIMERIE RAPIDE, RUE DE CONSTANTINE

1895

INSCRIPTIONS ROMAINES DE CARTHAGE

ÉPIGRAPHIE PAIENNE

(1893-1895)

Tout le monde sait l'état de mutilation dans lequel ont été réduits les textes de Carthage, surtout ceux de la Carthage romaine. Les inscriptions monumentales, qui seraient si utiles pour l'étude de l'histoire et de la topographie de l'illustre métropole de l'Afrique, ne réapparaissent le plus souvent au jour qu'en menus fragments. Doit-on pour cela renoncer à les recueillir et à les publier? Nous ne le pensons pas, car en archéologie il ne faut rien négliger de ce qui peut jeter plus tard la lumière sur un point ou sur un fait.

Depuis vingt ans qu'ils sont établis à Carthage, les Pères Blancs, conformément aux instructions qu'ils avaient reçues du Cardinal Lavigerie lors de leur envoi à Carthage, n'ont cessé de recueillir avec soin tous les débris de textes que le hasard ou des fouilles méthodiques ont rendus au jour. Classées par quartier de provenance, avec une description détaillée des lettres et du marbre ou de la pierre qui les portent, ces portions de textes qui d'abord n'offrent que peu ou point d'intérêt, prennent, en se groupant, une réelle importance. Il est inutile, je crois, d'insister sur les avantages scientifiques de cette méthode, qui permet d'ailleurs de déterminer, même avec de simples fragments, les quartiers de l'ancienne ville qui possédaient le plus d'inscriptions monumentales et dans lesquels il y a plus d'espoir de trouver dans des fouilles bien conduites des restes de temples, de palais ou d'autres importants édifices. Sur d'autres points, surtout *extra muros,* ce sont les épitaphes et débris d'épitaphes qui révèlent l'emplacement précis des nécropoles.

La liste que nous donnons ici renferme les inscriptions que nous avons recueillies depuis 1893. Elle fait suite aux séries publiées successivement dans diverses Revues: *les Missions Catholiques, le Bulletin Epigraphique de la Gaule, la Revue Archéologique, le Bulletin de l'Académie d'Hippone, les Mélanges de l'Ecole Française de Rome* (1892) et *le Recueil de la Société Archéologique de Constantine.* On trouvera presque toutes ces inscriptions réunies dans le VIIIe volume du *Corpus Inscriptionum Latinarum,* entre les n°s 12471 et 13392.

I. — Colline de Saint-Louis

1. — Au revers d'une frise de marbre blanc, épais de 0m03, trouvée dans le flanc sud-ouest :

||||||STITVTOR||||||
||||||N C O N S T||||||

(Hauteur des lettres : 0m14)

A la seconde ligne, la première et la dernière lettre ne se reconnaissent que par des amorces.

2. — Sur un marbre gris trouvé dans le flanc sud-ouest, épais de 0m032 :

|||||| DOΛ ||||||

Lettres de basse époque, hautes de 0m16. Λ parait appartenir à un M.
Le revers de ce marbre porte un T haut de 0m07, suivi d'une barre horizontale.

3. — Sur un marbre gris, de même provenance, à revers lisse, épais de 0m018 :

|||||| M I v||||||

Lettres de 0m07, conservant des traces de couleur rouge.

4. — Sur un fragment de plaque de marbre gris, à revers lisse, épais de 0m025, trouvé dans le flanc sud-ouest :

|||||||||||| V · S I ||||||||||||
||||||||||||||||O ||||||||||||||||

(Hauteur des lettres : 0m09)

5. — Sur un débris de plaque de marbre gris, à face mal polie, épaisse de 0m03 à 0m35, de même provenance :

||||||V G · P ||||||

(Hauteur des lettres : 0m055)

Au-dessus de V G, amorces d'une lettre plus grande, qui paraît être un A.

6. — Sur un éclat de marbre blanc provenant d'une pièce qui mesurait plus de $0^{m}20$ d'épaisseur :

A

(Hauteur de cette lettre : $0^{m}10$)

7. — Sur un marbre blanc, à revers brut :

G · PA

S · FVIR

Première ligne : lettres de $0^{m}10$; avant G, amorce qui paraît appartenir à un A.

Deuxième ligne : lettres de $0^{m}09$; la lettre F est peut-être un E.

8. — Sur un marbre à revers lisse, épais de $0^{m}07$, trouvé dans une maçonnerie, près du point géodésique :

PATE

INA

(Hauteur des lettres : $0^{m}048$)

A la deuxième ligne, I appartient peut-être à un N.

9. — Sur un débris de plaque de marbre numidique, à revers lisse, épais de $0^{m}011$:

F › C

Lettres très bien gravées, de $0^{m}093$, conservant des traces de couleur rouge. La seconde, qui n'est pas complète, pourrait être O ou Q.

10. — Sur un marbre blanc :

BLICA

Caractères allongés, de $0^{m}10$ environ, basse époque.

Le revers de ce marbre porte les amorces de trois lettres bien gravées :

C V N

C est peut-être un R et N un M.

11. — Sur une tablette de marbre blanc à revers lisse, épaisse de 0^{m}012 :

|||||||MAN|||||||

(Hauteur des lettres : 0^{m}06)

Traces de couleur rouge.

12. — Un autre fragment porte ces deux lettres :

|||||||MV|||||||

On a déjà trouvé plusieurs fois, sur la colline, d'autres débris de cette inscription.

13. — Marbre blanc, à revers lisse, épaisseur variant de 0^{m}02 à 0^{m}03 :

T O N

(Hauteur des lettres : 0^{m}09)

Bonne époque. La lettre O se rapproche de la forme d'un cercle. Au-dessus des lettres, la marge mesure 0^{m}08.

14. — Marbre blanc, à revers lisse, épais de 0^{m}02 :

|||||||I T V R|||||||

(Hauteur des lettres : 0^{m}113)

Bonne époque.

Voici un autre fragment de la même inscription :

E I

La lettre I n'est peut-être ici que l'amorce d'une autre lettre.

15. — Sur un morceau de marbre blanc, épais de 0^{m}29, dont la face offre l'aspect bombé d'un bouclier de forme ovale qui devait mesurer 0^{m}57 de largeur. Une bordure, large de 0^{m}35, entourait cette sorte

de médaillon, dans lequel sont gravées deux belles lettres hautes de $0^{m}11$:

R ‹ F

La pièce de marbre qui porte ces deux caractères devait faire partie d'un grand bas-relief dans le genre de la Victoire et des génies ailés qui proviennent du même endroit.

16. — On a trouvé aussi, en cet endroit, une belle base qui a dû porter une colonne de 1^{m} de diamètre. La plinthe mesure $1^{m}20$ de côté, et, sur la partie horizontale d'un des angles, on lit :

AVG

(Hauteur des lettres : $0^{m}035$)

17. — Morceau de plaque de marbre blanc, à revers lisse, épais de $0^{m}22$:

||||||||A E||||||||

(Hauteur des lettres : $0^{m}035$)

18. — Angle d'une petite corniche ou console de marbre blanc, formée d'un listel et d'une doucine. Le listel, large de $0^{m}029$, porte une inscription :

||||||||E · SAC · PP ·

(Hauteur des lettres : $0^{m}018$)

Ce marbre a été trouvé près de la cathédrale, du côté nord, par le P. Boisselier.

19. — Sur un lambeau de marbre blanc, trouvé à l'entrée d'une citerne romaine :

											AG											
							I · PRIM									
							M · SACR							

(Hauteur des lettres : $0^{m}038$)

A la troisième ligne, M paraît précédé d'un V.

20. — Près de la citerne voisine de la cathédrale, côté nord, on a trouvé, le 18 décembre 1894, plusieurs morceaux d'une grande tablette de marbre blanc, épaisse de 0^m01 :

a)

DVPLIC|||||||SIG|||||||||||||||||||||||||
C · FIRMITATE|||||||||||||||||||||
C PROCONSVLE *pr. Afr.*

Lettres hautes de 0^m12, conservant des traces de couleur rouge.

Un autre fragment porte :

b)

||||VS||||||||||
||||PARI||||

Avant V et après S, amorce d'un B ou d'un D. I appartient peut-être à une lettre incomplète.

21. — Plaque de marbre blanc, longue de 0^m62, large de 0^m54, épaisse de 0^m45. Deux des côtés forment angle droit. C'est un cadran solaire dont la moitié manque. Celle qui a été recueillie dans le flanc sud-est de la colline de Saint-Louis porte les noms des six premiers mois de l'année, entre le solstice d'hiver *(brumalis)* et le solstice d'été *(solstitialis)*, avec l'indication de l'équinoxe du printemps. Dans la case qui renferme la dernière lettre du mot *Junius*, on voit un chien courant à gauche.

22. — Sur un marbre à veines bleuâtres, à revers lisse, épais de 0^m055, trouvé sur le flanc sud-est :

||||||||ORNAT||||||||

(Hauteur des lettres : environ 0^m14)

23. — Sur un marbre blanc à revers lisse, épais de 0^m05, trouvé dans la tranchée d'accès de la chapelle souterraine :

|||||||OSTR|||||||

(Hauteur des lettres : environ 0^m13)

Ce fragment me paraît appartenir au mot : NOSTRORUM et à un texte qui nommait plusieurs empereurs.

24. — Sur un morceau de piédestal en *saouân :*

///)ΓDVCEN ///
/// G · ITEMAD · I ///
/// N D V M · I ///
/// F R I C ///
/// C ///

(Hauteur des lettres : $0^{m}04$, sauf à la dernière ligne, où elles avaient $0^{m}06$)

25. — Sur un morceau de marbre blanc, épais de $0^{m}027$:

/// H I S ///
/// O M I N ///

(Hauteur des lettres : $0^{m}35$)

Traces de couleur rouge.

II. — Colline du Petit-Séminaire

26. — Sur un lambeau de pierre *(kadel)* provenant d'un piédestal transformé en base de colonne :

/// VINC · AFRIC · KARTH ///

(Hauteur des lettres : environ $0^{m}07$)

Au-dessus, amorces de lettres d'une autre ligne.

III. — Douïmès — Sérapeum

En fouillant la nécropole punique voisine du Sérapeum, nous avons trouvé quelques inscriptions.

27. — Fragment d'une plaque de marbre blanc, à revers lisse, épaisse de $0^{m}037$:

Κ Ο Ι Ι Ι Ο Ι
ανε Θ Η Κ Ε Ν
επ Α Γ Α Θ ω Ι

(Hauteur des lettres : $0^{m}08$)

Les deux barres qui suivent le premier O paraissent appartenir à un Π. Il faut peut-être lire Κ Ο Π Τ Ο Ι, mais le mot ne doit pas être complet. A la dernière ligne l'*oméga* a la forme minuscule.

Cette inscription est l'angle inférieur de droite d'un *ex-voto* au dieu Sérapis. (Cf. *Corpus,* VIII, nos 1002 et suivants.)

28. — Marbre blanc, revers brut, épais de 0m05 :

||||||| R D O ||||||||||
|||||||||||||ᴵ A · I |||||||

(Hauteur des lettres : 0m 05 à 0m 06)

29. — Marbre blanc, épais de 0m026 :

||||||| · FL · ||||||

(Hauteur des lettres : 0m 02)

30. — Marbre blanc, pur, sans veines, à revers lisse :

||||||||||R O||||||||||

Lettres de 0m04, très espacées et gravées comme pour recevoir du métal. Après O, amorce d'un S.

31. — Marbre blanc, revers lisse, épais de 0m011 :

|||||||PRIMV||||||||||||||
|||||||||| ELIAFI |||||||

(Hauteur des lettres : 0m 02)

32. — Marbre blanc, revers non poli, épais de 0m01 :

T · CA||||||||||
SAB||||||| ||||||
AR||||||||||||||

(Hauteur des lettres : 0m 02)

Amorces d'une ligne supérieure. Après B, amorce probable d'un A.

33. — Fragment d'une épitaphe :

D|||||||||||||||||||||
Q · GRA||||||||||
S||||||||||||||||||||

(Hauteur des lettres : 0m 035)

34. — Morceau de fresque, style pompéien.

Au-dessous de deux bustes sur fond jaune, on lit en lettres blanches de 0m015 :

||||||ЄATIOMЄN|||||||

Comme on le voit, les E sont de forme lunaire.

35. — Autre fragment de fresque.

Au-dessous d'un buste, on lit sur fond rouge :

K A ‖‖‖‖‖‖‖

(Hauteur des lettres : $0^{m}02$)

IV. — Plateau de l'Odéon

36. — Morceau de marbre blanc, trouvé à l'extrémité nord-est du plateau. L'épaisseur, qui est incomplète, mesure dans l'état actuel $0^{m}20$. Ce marbre paraît avoir été brisé à coups de masse.

Une grosse veine bleuâtre, large de deux doigts, pénètre dans le marbre parallèlement à la face qui porte l'inscription.

Je donne ces détails parce que ce morceau a beaucoup de ressemblance avec plusieurs fragments d'un texte important que j'ai publiés précédemment. Ces fragments, au nombre de *six*, avaient été trouvés, *un* dans les citernes du bord de la mer et *cinq* entre la colline de Saint-Louis et le rivage. On peut voir ces derniers dans le *Corpus*, sous le n° 12552. Le sixième a été donné par les *Mélanges de l'Ecole Française de Rome* (t. X). On y lit deux fois le mot *cyathus* (1) qui était la dernière subdivision du *modius*, (2) mesure qui revient, je crois, à chaque ligne du nouveau fragment découvert.

Voici enfin ce texte :

‖‖‖‖‖‖ *a* V G T M · X
‖‖‖‖‖‖ *a* V G T M X V I I ʃ
‖‖‖‖‖‖ A V G T M X X X I I ʃ
‖‖‖‖‖‖ A V G T M L X V
‖‖‖‖‖‖ A V G T M X X X
‖‖‖‖‖‖ A V G T M L I I ſ
‖‖‖‖‖‖ A V G T M X L V I ⅃
‖‖‖‖‖‖ *a u g t* M X V
‖‖‖‖‖‖ *a u* G T M X X V I I I ſ
‖‖‖‖‖‖ *a u g t* M X ‖‖‖‖‖‖

(Hauteur des lettres : $0^{m}03$)

T M doit sans doute se lire *tritici modios*, et les signes qui terminent cinq des nombres représentent des subdivisions du *modius*.

(1) Le *cyathus* équivalait à 0 litre 0456.
(2) Le *modius* équivalait à 8 litres 754.

Trois des fragments que j'ai rapprochés plus haut de ce marbre donnent une liste d'ethniques gravés dans l'ordre alphabétique et parmi lesquels se trouvent des *Maxulitani,* c'est-à-dire des habitants de *Maxula,* aujourd'hui Radès.

37. — Sur une portion d'architrave ou mieux de linteau, en *saouân,* haut de 0m205 et épais de 0m13 :

||||||||VETERANV*s*||||||||||||||
||||||DEMQVE . STRAV*it* ||||

(Hauteur des lettres : 0m 05 et 0m 055)

V. — Bordj-Djedid

38. — Trouvé dans les travaux de la nouvelle batterie :

||||||VIX · AN · XXVIII
h · S · E

Les lettres de ce marbre funéraire mesurent 0m035.

39. — Sur un morceau de marbre gris qui mesurait au moins 0m20 d'épaisseur, trouvé sur le bord de la mer par le P. Vellard, deux lettres d'un texte monumental :

NC ou NO

VI. — Douar-ech-Chot

40. — Derrière le village de ce nom, vers le lac, on a trouvé un marbre, à revers lisse, épais de 0m022 :

||||||NIAE · M · F ||||||||
|||CVLAE . VXO*ri*
amantis (?) SIM*ae*||||||

Belles lettres, hautes de 0m08. La partie supérieure de C s'allonge jusqu'au-dessus de la lettre A qui suit. Une des barres de X a 0m14 de longueur.

Cette épitaphe semble avoir appartenu à une sépulture monumentale. Le *nomen* était suivi de M · FIL · pour *Marci filiæ.*

VII. — La Malga

Les inscriptions suivantes ont été trouvées dans les environs des citernes de La Malga.

41. — Tablette de marbre blanc :

DIS'MANIBVS'
SACRVM'
PERELLIA·FVLYMEN
*api*A·VIXIT·ANNIS·XXII
h *s* E

F a la forme d'un E. Nous avons déjà trouvé dans le même quartier les épitaphes de deux *Perelii*.

42. — Sur un marbre blanc :

D *m* *s*
Q·M V ||||||||||||||||||||
CRES ||||||||||||||||||||
VIXIT·*annis* ||||

(Hauteur des lettres : 0m015)

43. — Sur une tablette de marbre gris, épaisse de 0m055 :

d · M · *s*
|||||||||||||| A · TER
|||||||||||||| VIX·AN
|||||||||||||| II·D·XIX
h *s* ·E·

Cette épitaphe devait porter le nom de *Tertia* ou *Tertulla*, que nous rencontrons le plus souvent à Carthage.

44. — Fragment trouvé, en faisant la route de La Soukra, près du puits le plus proche de la station de La Malga, vers Sidi-Daoud :

||||||| *a*VGSER*pius*
vix. an NXLS ||||||||||

(Hauteur des lettres : 0m025)

45. — Sur un autre fragment :

|||||||||||||S ||||||||||||||V S
vixit·ANN·XXX ||||||
h *s* E

(Hauteur des lettres : 0m018)

VIII. — Amphithéatre

Nous avons déblayé, dans l'amphithéâtre, un des nombreux corridors qui rayonnaient autour des deux foyers de l'arène. Ces fouilles nous ont permis de déterminer la largeur du monument. En y comprenant les constructions, l'amphithéâtre mesurait 85^m40 de largeur. Cette dimension du petit axe, comparée à celui du Colisée, permet d'évaluer à 108^m environ la longueur totale extérieure du monument.

Les tranchées pratiquées dans l'arène même ont mis à jour les murs et les arceaux destinés à supporter un plancher.

Elles nous ont fait, de plus, découvrir une voûte souterraine que nous avons convertie en chapelle, en souvenir du martyre de sainte Perpétue et de sainte Félicité.

En remuant le sol à une assez grande profondeur, on a trouvé quelques rares fragments de statues, des débris de marbre, des morceaux de corail, de bronze et de fer, du grès vitrifié, des monnaies, des os d'animaux, des lampes chrétiennes brisées et des fragments d'inscriptions.

46. — Sur une portion d'architrave en *kadel,* haute de 0^m45 et épaisse de 0^m65 :

||||||||||| H E |||||||||||

Hauteur des lettres : 0^m23; la première mesure 0^m16 de largeur, la seconde 0^m06 seulement. Elles peuvent appartenir au mot *amphitheatrum* ou au nom de l'empereur *Théodose.*

47. — Sur une autre portion d'architrave ou de linteau en *saouân :*

||||||||| L E N I |||||||||

(Hauteur des lettres : 0^m18 et 0^m19)

La dernière lettre doit être un T.

L'inscription nommait sans doute l'empereur *Valens* ou un des *Valentinien.*

48. — Sur un morceau de plaque de marbre blanc, épais de 0^m024, trouvé à l'entrée de la chapelle :

|||||| P O ||||||

Lettres de bonne époque, hautes de 0^m22. La seconde, n'étant pas complète, pourrait être un C, ce qui n'est pas probable.

49. — Sur une dalle de *saouân,* haute de $0^{m}56$, portion de siège ou de balustrade du *podium :*

C

(Lettre haute de $0^{m}28$)

50. — Sur une dalle de même pierre, haute de $0^{m}68$, portion de la balustrade du *podium :*

||| N I |||

(Belles lettres, hautes de $0^{m}28$)

51. — Sur la tranche d'une dalle de marbre bleuâtre, épaisse de $0^{m}115$:

Fl O R E N T I |||

(Hauteur des lettres : $0^{m}005$)

Florentius ou *Florentinus*. Ni l'un ni l'autre de ces deux noms n'a encore été trouvé à Carthage.

52. — Sur un marbre blanc :

V I I |||

(Hauteur de ces chiffres : $0^{m}05$)

53. — Sur un tronçon de colonne de marbre de couleur contenant beaucoup de coquilles ; diamètre de $0^{m}31$:

F I M I
L A

C'est une sorte de graffite à lettres soignées, hautes de $0^{m}015$.

54. — Sur un morceau de *saouân* provenant de la face d'un piédestal :

||| A C |||
||| C · F · A N |||

(Hauteur des lettres : $0^{m}05$)

55. — Sur un marbre blanc, épais de $0^{m}025$, trouvé par le P. Vellard, près de l'amphithéâtre :

||||||| S A T I S · |||||||

(Hauteur des lettres : $0^{m}05$)

56. — Portion d'architrave trouvée derrière l'amphithéâtre, dans un terrain appelé Bou-Hajbah.

La pierre mesure $1^{m}13$ de longueur, $0^{m}31$ de hauteur et $0^{m}46$ d'épaisseur. Elle porte à la partie inférieure une grande entaille dont l'ouverture mesure $0^{m}60$ sur $0^{m}19$. La face contient les lettres suivantes, restes d'une inscription monumentale, sans doute une dédicace :

||||||||| I C A T |||||||||

(Hauteur des caractères : $0^{m}25$)

IX. — Bir-el-Djebbana

En fouillant de nouveau le cimetière des *officiales,* nous avons encore trouvé quelques inscriptions.

57. — C'est d'abord un morceau de marbre, à revers lisse, épais de $0^{m}042$:

||||||| P O P V L |||||||

(Hauteur des lettres : $0^{m}075$)

Avant la première lettre, amorce d'un S ou d'un C.

58. — Sur une plaque de marbre blanc, carrée, mesurant $0^{m}295$ de côté :

D I S · M A N I B · S A C ·
F A V S T V S S A T V
R N I N V S S E C V
N D V S F R A T R E S
C A E S N S E R
P · V · A · X · V I I I · V I
H S E
S A T V R N I N V S · E T
I A N V A R I A P A R E N T E S
F I L I S P I I S S I M I S · F E C

Cette épitaphe offre un intérêt épigraphique particulier, à cause de la façon dont l'âge des trois frères défunts est inscrit après la formule P · V · A · *pius vixit annis*... Les trois nombres qui suivent se rapportent, le premier (X) à *Faustus*, le second (VIII) à *Saturninus* et le troisième (VI) à *Secundus*.

59. — Sur une plaque intacte, de 0m28 sur 0m18 :

D I S · M A N · S A C R ·
C · F V F I C I V S · N O B I L I S ·
P I V S · V I X I T · A N N · X L V I ·
M E N S · S E P T · D I E B V S · N O
V E M · M A X I M A · C O I V G ·
P I I S S I M O ' F E C I T · H · S · E

(Hauteur des lettres : 0m016)

60. — Sur une tablette de marbre gris :

D M S
C O R N E L I A
[illegible] T I L L A

Lettres mal gravées, hautes de 0m025.

61. — Sur une tablette entière, épitaphe d'un *notarius* :

D ♥ M ♥ S ♥
FORTVNATVS * AVG * NOTAR
PIVS * VIX * ANNIS * XXVI *
H ♥ S ♥ E ♥

62. — Sur une petite tablette entière, ne mesurant que 0m15 sur 0m12 :

D M S
P Λ N T E Λ
P I A V I X
Λ N N O I
D X X H S E

Cette épitaphe est conservée dans le Musée, avec l'urne renfermant les ossements calcinés de PANTEA.

63. — Sur une tablette brisée en plusieurs morceaux et incomplète :

D · M *s*
AVRELIVS · ||||||||||||||||||||
AVGGG · VE *rna medi*
CVS VIXIT · ANNIS
XXXIV · M · VIII · D · IX
· H · · S · · E ·

(Hauteur des lettres : 0m019)

Nous avons déjà trouvé précédemment plusieurs épitaphes de médecins. (Cf. C. I. L., VIII, 12921-3.)

64. — Sur un morceau de marbre gris, fortement veiné, épais de 0m02 :

					V I · E T					
					N I L I C					
					N · V · A ·					

(Hauteur des lettres : 0m015)

65. — Sur trois fragments d'une tablette de marbre blanc, à revers lisse, épaisse de 0m016 :

|||||||||||||||||||||||| L L ||||||||||||
|||||||||||||| *vix* · A N N · ||||
|||||| *Sec* V N D A · P I *a*
vix. a N N · X V · H S *e*
|||||||||| S · S P ||||||||||
|||||||||| L · E T ||||||||||||

(Hauteur des lettres : 0m02)

66. — Sur une tablette de marbre numidique, épaisseur variant entre 0m012 et 0m018 :

|||||| A C I D I ▸
n A T A L I S ▸
vi X I T A N
nis X X X X V I I
mens (?) |||||| I I I I
h s E

(Hauteur des lettres variant entre 0m015 et 0m020)

67. — Sur une tablette de marbre blanc, épaisse de 0^m009 :

|||||||| S A ||||||||
|||||||| D E L I S S I ||||||||
vi X · A N N I S · X X X ||||||||
m |||| I I · D · X I I I · H · S *e*
|||| F E C I T M E R I T E C O ||||

(Hauteur des lettres : 0^m02)

68. — Sur un morceau de tablette de marbre blanc, épaisse de 0^m015 :

|||||| A E · F E C I T
|||| *ad* I V T · T A B ·

(Hauteur des lettres : 0^m018)

69. — Sur un marbre gris, épais de 0^m02 :

d M · *s*
|||| V S · PO ||||

(Hauteur des lettres : 0^m03)

70. — Sur un marbre gris, moucheté de veines bleuâtres, à revers lisse, épais de 0^m02 :

|||||||| ᵛ A V G ᵛ ||||||||
|||| *vi* X I T · A N N I *s* ||||
I I ❧ S ❧ E

(Hauteur des lettres : 0^m019)

A la première ligne, avant le premier signe de ponctuation, amorce d'un R.

71. — Sur un marbre gris, à revers lisse, épais de 0^m017 :

d · M · S ·
|||||| T I M I V S ·
|||||||| A X ·
|||||||||| X X ·

(Hauteur des lettres : 0^m022)

72. — Marbre gris, revers lisse, épais de 0m017 et 0m02:

D *m* *s*
M · V L P I *us* ||||||||||||||||
P I V S V I X A *nn* ||||||||||||||

(Hauteur des lettres: 0m03 et 0m023)

73. — Sur un débris:

X I |||||||
T I |||||||

(Hauteur des lettres: 0m018)

74. — Sur un débris:

Cla V D I V S |||||||

75. — Sur un autre fragment:

||||||| D I E B · X |||||||

(Hauteur des lettres: 0m014)

X. — Damous-Darouts

On a découvert, à l'extrémité de ce terrain, près du terrain appelé Bir-el-Djebbana et de l'ancienne route de Carthage à Tunis, les restes d'un mausolée circulaire construit en pierres de tuf provenant sans doute des ruines de la ville primitive. Des personnages et des guirlandes ont été exécutés en relief dans cette pierre si peu propice à la sculpture. A côté de cette sépulture monumentale, on a recueilli deux morceaux d'inscription.

76. — Le premier se lit sur un fragment de plaque de marbre gris, à revers lisse, épaisse de 0m022:

|||| R O V I |||||||
||||||| V R · |||||||

(Hauteur des lettres: 0m06)

Elles conservent des traces de couleur rouge.
Après le signe de ponctuation, amorce d'un V ou d'un X.

77. — Sur un autre fragment à revers brut, épais de $0^{m}025$:

								O N I V S														
					t R I V M V I R					
					r e G I O N													

(Hauteur des lettres : $0^{m}025$)

78. — Marbre blanc, à revers lisse, épais de $0^{m}03$:

|||||| QVAE ||||||

(Hauteur des lettres : $0^{m}09$)

79. — Sur une tablette de marbre gris, à revers brut, carrée, mesurant $0^{m}22$ de côté, trouvée à la limite de Damous-Darouts et de Bir-el-Djebbana :

D · M · S
SVCESSAE * VIXIT ·
ANNIS · XVII · MESS · V *(sic)*
DIEBVS · VIII * VIRGO ·
FECIT · IONICVS · AVG
LIB · TABVLARIVS
TRIB

(Hauteur des lettres : $0^{m}015$)

Ionicus, l'affranchi impérial qui fit graver cette épitaphe, était *Tabularius tributorum.*

A la troisième ligne, MESS pour ME*nsibus*.

XI. — KOUDIAT-TSALLI

Le monticule qui porte ce nom nous a fourni, avec plusieurs épitaphes chrétiennes, des inscriptions païennes.

80. — Marbre blanc, revers lisse, épais de $0^{m}027$:

||||||OPV|||||

(Hauteur des lettres : $0^{m}06$)

81. — Sur une tablette de marbre :

d M
zosi ME * CON
jug I * AMAN
tiss IMAE * Q *
vix.a XII * M * VI
d||||||||||||||*h* * II * F *

82. — Au revers d'une frise de marbre blanc :

NAIN ||||||||||||||||||
FITVRIVS · ||||||
VIC v AI ||||||||

(Hauteur des lettres : 0m 03)

83. — Sur un autre fragment :

D *m s*
M ∽ AN||||||||||||
MVS ||||||||||||||

(Hauteur des lettres : 0m 023)

XII. — Damous-el-Karita

84. — Sur un lambeau de marbre blanc trouvé à travers champs, près des ruines de la basilique :

||||||||||||||||	||||||RIN	T	||||||||||||
||||||VLVS	BERY	L	A||||||||
||||||ERVS	KART	|||	||||||||||||

(Hauteur des lettres : 0m 015)

Ce fragment appartient à une liste de Romains, avec l'indication du pays de chaçun. Bery doit se lire *Berytensis*, de Béryte, aujourd'hui Beyrouth; Kart est évidemment pour *Karthaginiensis*. Ce Carthaginois paraît s'être appelé *Severus*.

XIII. — Sainte-Monique

85. — Morceau de marbre blanc, épais de 0m031, portant d'un côté une colombe, reste d'une épitaphe chrétienne, et de l'autre quelques lettres d'une épitaphe païenne :

D M *s*
Q.VI.||||||
C.MV.||||||

(Hauteur des lettres : 0m 02)

Jusqu'à présent, il est très rare de trouver à Carthage des épitaphes païennes dont le revers a été utilisé par les chrétiens pour y graver une seconde épitaphe. Depuis vingt ans, je n'en ai constaté que quatre ou cinq exemples.

XIV. — La Marsa

86. — Sur une tablette de marbre blanc et gris, longue de 0m 40 et haute de 0m 26, trouvée près de la villa du consul d'Angleterre :

D M S

M'IVLIVS	IVLIACONCO
DATIVVS.PIVS	RDIAMARITA
VIXANXLVME	TVAISTELLVI (?)
NIIIDIBVSV	DED·MOSL·QVICOS
H S E	DEN·CCCXV

(Hauteur des lettres : première ligne, 0m 055 ; les autres, 0m 02 et 0m 025)

Dibvs pour *diebus*. *M. Julius Dativus* a vécu 45 ans, 3 mois et 5 jours. Sa veuve *Julia Concordia* lui a élevé un monument funéraire qui a coûté trois cent quinze deniers.

Nous avons là un trait de mœurs romaines qui ne manque pas de piquant.

XV. — Sidi-bou-Saïd

87. — Marbre blanc, à revers lisse, épais de 0m 024, trouvé près d'un cippe funéraire, au pied du village de Sidi-bou-Saïd :

|||||||||||||||| I —
||||||||||||||||| —
|||||||||||||| H C —
|||||||||||||| E I —
|||||||||||| C —
|||||||||||| H —

(Hauteur des lettres variant entre 0m 005 et 0m 009)

Ces fins de lignes appartiennent à une inscription grecque.
A la quatrième ligne, avant Є, amorce qui semble indiquer un X.

XVI. — Points indéterminés

Je groupe ici quelques inscriptions dont je n'ai pu connaître le point précis de provenance.

88. — Sur une plaque de marbre gris, à revers brut, épais de $0^{m}025$ à $0^{m}045$:

||||||| P L E N D I D |||||||
|||||||||||||||||||||||||||||||| T |||||||||

(Hauteur des lettres : $0^{m}08$)

89. — Au revers d'une plinthe de marbre blanc, épaisse de $0^{m}03$:

|||||||||||||||| A N V S S ||||||||||||||||
|||||||||| *c* A E S A R I S ||||||||||

(Hauteur des lettres : $0^{m}04$)

90. — Sur un marbre blanc épais de $0^{m}02$:

|||||| E L I V S · S E ||||||

(Hauteur des lettres : $0^{m}03$)

91. — Sur un marbre gris moucheté de bleu :

M I ||||||||||||
T E||||||||||||
P I ||||||||||||

(Hauteur des lettres : $0^{m}04$)

92. — Sur un marbre gris :

||||||| A L |||||||||||||||||||||||||||||||||||||||
ANA · PIA *vix. ann.*
XXXV · ME*ns* ||||||||||||
H · S *e*

(Hauteur des lettres : $0^{m}022$)

93. — Sur un marbre blanc :

[...] S V I I [...]
[...] E · V · H · S · E

(Hauteur des lettres : 0m 018)

94. — Sur un marbre blanc épais de 0m 19 :

AI
[...]NVS | L · M[...]

(Hauteur des lettres : 0m 023)

A ces inscriptions, j'ajouterai une épitaphe trouvée à Tunis, chez les Frères des Ecoles Chrétiennes, en faisant une réparation dans leur établissement. Elle a été recueillie par M. l'abbé Pavard, aumônier du Lycée, qui en a fait don au Musée de Saint-Louis.

95. — Plaque de marbre blanc, longue de 0m 31 et haute de 0m 20 :

Diis · MANIBVS · SACR
[...]IVS ♠ VENVSTVS · H · S · E
PIE · VIXIT ANNIS · XXVIII

Le *nomen* a disparu en partie. Nous avons trouvé, parmi les inscriptions du cimetière des *Officiales* (Bir-el-Djebbana), le nom de ***Fulvius Venustus***, qui est peut-être le même que celui de la présente épitaphe.

Cette inscription offre deux particularités : la formule H · S · E placée immédiatement après le nom, au lieu d'être gravée à la fin, et PIE VIXIT, au lieu des termes ordinaires PIVS VIXIT ou PIA VIXIT.

A.-L. DELATTRE,
des Pères-Blancs.

Saint-Louis-de-Carthage, mai 1895.

Printed in Dunstable, United Kingdom

91226072R00018